Patrick Linker

Über den Strömungszustand bei Nichtgleichgewichtsströmungen

GRIN Verlag

Bibliografische Information der Deutschen Nationalbibliothek:

Die Deutsche Bibliothek verzeichnet diese Publikation in der Deutschen National-
bibliografie; detaillierte bibliografische Daten sind im Internet über http://dnb.d-
nb.de/ abrufbar.

Impressum:

Copyright © 2011 GRIN Verlag GmbH
Druck und Bindung: Books on Demand GmbH, Norderstedt Germany
ISBN: 978-3-640-85031-0

Dieses Buch bei GRIN:

http://www.grin.com/de/e-book/168094/ueber-den-stroemungszustand-bei-nicht-
gleichgewichtsstroemungen

Über den Strömungszustand bei Nichtgleichgewichtsströmungen

Forschungsarbeit von Patrick Linker

4. März 2011

Inhaltsverzeichnis

<u>Verwendete Formelzeichen</u>

$f(x_i, v_i, t)$ – mikroskopische Verteilungsfunktion

x_i - Koordinaten mit $x_1 = x, x_2 = y, x_3 = z$

v_i - Molekülgeschwindigkeiten mit $i \in \{1,2,3\}$

m – Molekülmasse

n - Teilchenzahldichte (es gilt stets $\int d^3 v f(\vec{v}) = n$)

k - Boltzmann-Konstante

T - absolute Temperatur

t - Zeit

w – Wahrscheinlichkeitsdichte für Stoß

τ - Relaxationszeit (von Temperatur, etc abhängig)

V_i - Driftgeschwindigkeit der Moleküle (auch Strömungsgeschwindigkeit), $i \in \{1,2,3\}$

a - Normierungskonstante (gilt für alle Verteilungen)

$\beta = \frac{m}{2kT}$ (gilt für alle Verteilungen)

σ - Wirkungsquerschnitt eines Moleküls

Indizes und Präfixe:

$\ldots_1$ – bzgl. Stoßpartner vor dem Stoß

$\ldots_1$ und $\ldots'$ – bzgl. Stoßpartner nach dem Stoß

$\ldots'$ – bzgl. betrachteten Molekül nach dem Stoß

$\ldots_{eq}$ – geltend im Gleichgewichtszustand

$\Delta \ldots$ - Abweichung vom Gleichgewichtszustand

Viele technische Prozesse (z.B. Flugzeugtriebwerke) erzeugen extrem schnelle Veränderungen von Strömungsgrößen wie z.B. Druck, wodurch die Stöße zwischen den Molekülen zum Tragen kommen. Diese extrem schnellen Veränderungen sind auch als Nichtgleichgewichtsprozesse in der Thermodynamik bzw. statistischen Mechanik bekannt. Solche Nichtgleichgewichtsprozesse werden mithilfe der Boltzmann-Gleichung, die die Stöße zwischen Molekülen berücksichtigt, modelliert. Sie lautet

$$\frac{Df}{Dt} := \frac{\partial f}{\partial t} + \frac{\partial f}{\partial x_i} v_i + \frac{\partial f}{\partial v_i} \frac{F_i}{m} = coll(f)$$

wobei hier die Einsteinsche Summationskonvention verwendet wurde, bei der über alle i von 1 bis 3 summiert wird und der Anteil coll(f) die Stöße zwischen Molekülen berücksichtigt (deshalb auch Stoßterm genannt). Der Stoßterm auf der rechten Seite lautet dann:

$$coll(f) = \iiint d^3v_1' d^3v' \, d^3v_1 w(\vec{v}_1', \vec{v}', \vec{v}_1, \vec{v})(f_1'f' - f_1 f)$$

Hier ist zu erkennen, dass die Differentialgleichung zum einen nichtlinear ist und zum anderen neben Differentialen auch Integrale enthält. Deshalb ist es nicht möglich, eine exakte Lösung in Form eines geschlossenen Ausdrucks anzugeben.

Die Boltzmann-Gleichung dient auch dazu, Materialgesetze wie Spannungstensor, Energiestromdichte, etc. mittels Momentenbildung zu herzuleiten. Dabei wird vorher der Stoßterm mithilfe eines Relaxationszeitansatzes in eine überschaubare Form gebracht, d.h. mit der Beziehung $\frac{\Delta f}{\tau} = \frac{Df_{eq}}{Dt}$ approximiert und anschließend die Gleichgewichtsverteilung $f_{eq} = ae^{-\beta(\vec{v}-\vec{V})^2}$ eingesetzt. Daraus kann dann Δf berechnet werden und zur Gleichgewichtsverteilung hinzugefügt werden(1). Anschließend kann die somit erhaltene Verteilung über bestimmte Momente integriert werden und man erhält tatsächlich die Materialgesetze für Scher- und Volumenspannungen, Wärmeleitung, etc. die bis auf einen Vorfaktor korrekt sind. Genauere Berechnungen der Verteilungen können mithilfe der Chapman-Enskog-Entwicklung erreicht werden.

In dieser Ausarbeitung soll es ebenfalls um die Approximation vom sehr schwer zu berechnenden Stoßterm gehen, womit auch die Materialgesetze bis auf Vorfaktoren genau berechnet werden. Die Ungenauigkeit bzgl. der Vorfaktoren (wie im Relaxationszeitansatz z.B. bei der Viskositätsberechnung auftritt) kann aber noch akzeptiert werden, da diese noch experimentell nachbestimmt werden können. Die Vorteile des erwähnten Verfahrens sollen darin bestehen, dass die mikroskopische Verteilungsfunktion genauer berechnet werden kann als im Relaxationszeitansatz. Außerdem soll auch der hohe Rechenaufwand, der z.B. in der Chapman-Enskog-Entwicklung auftritt, reduziert werden. Es lässt sich somit ein beliebig starker Nichtgleichgewichtsvorgang wesentlich schneller approximieren. Damit können in der Technik auch Computerprogramme, die zur Regelung von Strömungsmaschinen mit extrem hohen Strömungsgrößen (Flugzeuge, Wasserstrahlschneideanlagen, …) genutzt werden, realisiert werden. Damit könnten negative Auswirkungen der extrem hohen Strömungsgrößen wie der hohe Energie- und/ oder Kraftstoffverbrauch, Lärmentwicklung, etc. schneller und besser optimiert werden. Diese Ausarbeitung soll damit auch für eine bessere Umwelt etwas beitragen und auch dabei helfen, Kosten für Energie, Wasser, Kraftstoff, etc., die evtl. sehr hoch ausfallen können, einzusparen.

Zusammenfassend soll es um eine Möglichkeit zur Approximation des Stoßterms gehen. Dabei wird als erstes das Modell starrer Kugeln betrachtet und durch Konvergenzbetrachtungen bzgl. des Stoßterms eine sinnvolle Annahme getroffen werden, um den Stoßterm zu vereinfachen. Durch das Herleiten von makroskopischen Größen mithilfe dieser Annahmen wird die Plausibilität der Annahme für kleine mittlere freie Weglängen gezeigt. Anschließend wird eine allgemeinere Ausführung der vereinfachenden Annahme für beliebige Fluide unter Betrachtung mithilfe funktionalanalytischer Methoden gezeigt. Diese funktionalanalytischen Methoden sollen die Plausibilität der Annahmen allgemein beweisen.

Kapitel 2: Methoden zur Approximation der Boltzmann-Gleichung, offene Fragen

Eine einfache Möglichkeit, um die Boltzmann-Gleichung zu vereinfachen, besteht darin, Störungen der Gleichgewichtsverteilungsfunktion zu betrachten, sodass man $f = f_{eq} + \Delta f$ mit kleiner Störung Δf schreiben kann. Anschließend kann man den Stoßterm wie folgt ersetzen: $coll(f) = \frac{\Delta f}{\tau}$, wobei τ eine konstante Relaxationszeit darstellt (1). Diese Approximation wird auch Relaxationszeitansatz oder BGK-Hierarchie genannt. Damit kann man durch Einsetzen der Gleichgewichtsverteilung in die linke Seite der Boltzmann-Gleichung die Störung Δf berechnet werden. Damit ist eine Verteilungsfunktion gefunden, mit der makroskopische Gleichungen für Reibungsspannungstensor bzw. Wärmefluss abgeleitet werden können. Starke Störungen des Gleichgewichts können jedoch nicht mit dieser Methode erfasst werden. Eine andere Methode stellt die Chapman-Enskog-Entwicklung dar. Hierbei handelt es sich nicht um eine Vereinfachung des Stoßterms, sondern um einen Lösungsansatz der Boltzmann-Gleichung mithilfe einer Taylorentwicklung. Dabei wird für die Verteilungsfunktion folgender Ansatz gemacht: $f = \sum_{i=1}^{\infty} a^{(i)} \nabla^{(i)} f_{eq}(\vec{v})$. Dabei bezeichnet $a^{(i)}$ ein Tensor i-ter Stufe, der die Taylor-Koeffizienten beinhaltet und $\nabla^{(i)}$ einen Differentialoperator, der i-te Ableitungen nach der Geschwindigkeit $\vec{v}$ enthält. Diese Schreibweise sollte nur die verallgemeinerte mehrdimensionale Tayorentwicklung verkürzen. Die Taylor-Koeffizienten lassen sich durch Koeffizientenvergleich ermitteln, sodass dann schließlich exakte Werte für Viskosität, Wärmeleitfähigkeit, etc. ergeben. Dies ist aber mit sehr viel Rechenaufwand verbunden.

Heutige Methoden zur Approximation der Boltzmann-Gleichung basieren beispielsweise auf Spektralmethoden. Es wurde bereits unter Zuhilfenahme von Funktionen, die Fourier-Reihen ähnlich sind, untersucht, welche Spektren in der Boltzmann-Gleichung auftreten und was für charakteristische Funktionen (sogenannte Kerne) aus der Boltzmann-Gleichung abgeleitet werden können. Diese Art der Untersuchung der Boltzmann-Gleichung dient dazu, die Struktur der Boltzmann-Gleichung genauer zu erfassen, um bestimmte Eigenschaften bei der Lösung von der Boltzmann-Gleichung ausnutzen zu können, sodass der numerische Lösungsweg vereinfacht wird (5). Bei den heutigen Forschungen zur Boltzmann-Gleichung wird außerdem oft die Anwendung auf spezielle Teilchen (z.B. Bosonen) untersucht, wobei da auch die quantenmechanische Boltzmann-Gleichung herangezogen wird. Zur Lösung der (quantenmechanischen) Boltzmann-Gleichung wird oft die Theorie der Renormierungsgruppen verwendet, um bestimmte gruppentheoretische Strukturen in der Boltzmann-Gleichung herausfinden zu können (z.B. Zeitentwicklungen) (6). Heutige Modelle untersuchen also besondere Strukturen innerhalb der Boltzmann-Gleichung, um die numerische Lösung von der Boltzmann-Gleichung zu vereinfachen. Andere Möglichkeiten, die heutzutage erforscht werden, um die Boltzmann-Gleichung zu lösen, basieren auf das Lösen der Boltzmann-Gleichung mithilfe von Vorhersagen über das Verhalten der Boltzmann-Gleichung, um Ergebnisse ungefähr vorhersagen zu können, die bei der numerischen Lösung der Boltzmann-Gleichung, auftreten(7).

Es stellt sich nun die Frage, wie man die Boltzmann-Gleichung vereinfachen könnte, um ein möglichst schnelles Lösen der Boltzmann-Gleichung zu ermöglichen. Dabei soll das Modell nicht auf der Untersuchung mathematischer Strukturen in der Boltzmann-Gleichung oder der Vorhersage numerischer Ergebnisse basieren, sondern eine Annahme getroffen werden, um die Boltzmann-Gleichung möglichst einfach schreiben zu können. Es soll aber dabei ein moderner Weg gegangen werden, sodass auch mathematische Methoden aus der Funktionalanalysis angewendet werden, um die Plausibilität der Annahmen zu prüfen. Mithilfe der Theorie über L^p-Räume bzw. der Theorie der Funktionenträger soll die Lösung der allgemeinen Boltzmann-Gleichung durch eine vereinfachende Annahme begründet werden.

Kapitel 3: Approximation der Boltzmann-Gleichung für starre Kugeln durch Überführen in eine lineare partielle Differentialgleichung

Um die Boltzmann-Gleichung vereinfachen zu können, müssen zunächst vereinfachende Annahmen getroffen werden, die in der ganzen Ausarbeitung gelten. Es wird nun folgendes angenommen:

- Die Moleküle können als frei und statistisch im Raum herumfliegende Kugeln angenommen werden bzw. es gibt stets die 3 Freiheitsgrade der 3-dimensionalen Translation
- Es kommen keine intermolekularen Wechselwirkungen vor
- Alle Stöße zwischen Molekülen verlaufen elastisch
- Es kommen keine chemischen Reaktionen vor
- Es liegt ein homogenes Medium mit konstanter Molekülmasse vor

Nun wird die Vereinfachung der Boltzmann-Gleichung anhand dem Modell starrer Kugeln gezeigt. Demnach gilt dann, wenn $d\Omega' = sin\vartheta'd\vartheta'd\varphi'$ der „Raumwinkel" bzgl. v' ist (ϑ', φ' sind die entsprechenden Kugelwinkel), der folgende Sachverhalt: $w = \frac{1}{2}\frac{d\sigma}{d\Omega'}\delta^{(3)}(\vec{v_1'} + \vec{v'} - \vec{v_1} - \vec{v})\,\delta(v_1'^2 + v'^2 - v_1^2 - v^2)|\vec{v_1} - \vec{v}|$ (1) . Hierbei bedeutet das Superskript (3), dass die Delta-Distribution auf alle 3 Raumrichtungen angewandt wird, also dreifach auftritt. Nun besteht die Idee zur Vereinfachung darin, den Ausdruck $\frac{d\sigma}{d\Omega'}$ über die Annahme, dass das Stoßintegral konvergieren muss, zu vereinfachen.

Dazu betrachte man das Integral $\sigma_0 = \int_0^{4\pi}\frac{d\sigma}{d\Omega'}d\Omega' := \int_0^{2\pi}\int_0^{\pi/2}\frac{d\sigma}{d\Omega'}sin(\vartheta')d\vartheta'd\varphi'$, wobei σ_0 nun eine Stoffkonstante (konstanter Wirkungsquerschnitt) ist. Es kann $\frac{d\sigma}{d\Omega'}$ aufgrund der starken Beschränktheit als periodische Funktion von den Kugelwinkeln angesehen werden (z.B. ist dieser Ausdruck beim Starrkugelmodell zu $\cos(\vartheta')$ proportional), wobei der maximale Funktionswert q beträgt, d.h. es gilt die Fourierreihendarstellung $\frac{d\sigma}{d\Omega'} = \sum_{i,j=0}^{\infty}a_{ij}\cos(i\vartheta')\cos(j\varphi')$ mit $a_{00} = 0$. Nun wird folgendes unbestimmtes Integral unter Benutzung der Dreiecksungleichung sowie der Einführung einer Funktion $D(i) < 1$, die das Maximum von $|\int\cos(i\vartheta')\sin(\vartheta')\,d\vartheta'|$ angibt, berechnet:

$$|\sigma(\Omega')| = |\int\frac{d\sigma}{d\Omega'}d\Omega'| = |\sum_{i,j=0}^{\infty}a_{ij}\int_0^{2\pi}\int_0^{\frac{\pi}{2}}\cos(i\vartheta')\cos(j\varphi')\sin(\vartheta')d\vartheta'd\varphi' =$$

$$|\sum_{i=0,j=1}^{\infty}a_{ij}\int_0^{2\pi}\int_0^{\frac{\pi}{2}}\cos(i\vartheta')\cos(j\varphi')\sin(\vartheta')d\vartheta'd\varphi' +$$

$$2\pi\sum_{i=0}^{\infty}a_{i0}\int_0^{2\pi}\int_0^{\frac{\pi}{2}}\cos(i\vartheta')\sin(\vartheta')d\vartheta'd\varphi'| \le$$

$$\sum_{i=0,j=1}^{\infty}|a_{ij}|\,|\int_0^{2\pi}\cos(j\varphi')d\varphi'||\int_0^{\frac{\pi}{2}}\cos(i\vartheta')\sin(\vartheta')d\vartheta'| +$$

$$2\pi\sum_{i=0}^{\infty}|a_{i0}|\left|\int_0^{\frac{\pi}{2}}\cos(i\vartheta')\sin(\vartheta')d\vartheta'\right| \le \sum_{i=0,j=1}^{\infty}|a_{ij}|\cdot\frac{1}{j}\cdot D(i) + 2\pi\sum_{i=0}^{\infty}|a_{i0}|D(i) .$$

Wenn $D_n(i)$ das Maximum des Betrages von der n-maligen Integration von $\cos(i\vartheta')\sin(\vartheta')$ über ϑ' jeweils von 0 bis $\frac{\pi}{2}$ angibt (d.h. es wird n-mal hintereinander über die Variable ϑ' integriert, sodass n-malige Ableitung nach ϑ' wieder die Ausgangsfunktion ergibt), so ist die Folge $(D_n(i))_{n\in\mathbb{N}}$ eine monoton fallende Nullfolge (Beweis durch Ausintegrieren, Dreiecksungleichung und der Abschätzung, dass sin und cos im Betrag nicht größer als 1 sein können). Die n-malige Integration über eine Funktion f mit einer Variablen x und jeweils mit den Integrationsgrenzen von 0 bis a wird hier geschrieben als: $(n)\int_0^a f d^n x$. Für n-malige Integration gilt dann analog:

$$|(n)(n)\int_0^{2\pi}\int_0^{\frac{\pi}{2}}\sigma(\Omega')sin(\vartheta')d^n\vartheta'd^n\varphi'| \le \sum_{i=0,j=1}^{\infty}\frac{1}{j^n}|a_{ij}|D_n(i) + \frac{(2\pi)^n}{n!}\sum_{i=0}^{\infty}|a_{i0}|D_n(i).$$

Die Grenzwertbildung ins Unendliche ergibt dann

$$0 \le \lim_{n\to\infty}|(n)(n)\int_0^{2\pi}\int_0^{\frac{\pi}{2}}\sigma(\Omega')sin(\vartheta')d^n\vartheta'd^n\varphi'| \le \lim_{n\to\infty}(\sum_{i=0,j=1}^{\infty}\frac{1}{j^n}|a_{ij}|D_n(i) + \frac{(2\pi)^n}{n!}\sum_{i=0}^{\infty}|a_{i0}|D_n(i)) = 0$$

und damit: $\lim_{n \to \propto}(n) \int \sigma(\Omega')d^n\Omega' = 0$.

Nun wird im Stoßterm für $\vec{v_1}'$ bzw. $|\vec{v}'|$ die Impuls- bzw. Energieerhaltungsgleichungen durch das Integrieren über die Delta-Funktionen im Stoßterm eingesetzt. Es gelten somit folgende Relationen, wenn $\vec{e_{v'}}$ der Einheitsvektor in Richtung $\vec{v}'$ ist:

$$\vec{v_1}' = \vec{v} + \vec{v_1} - \vec{v}'$$

$$\vec{v}' = |\vec{v}'|(\vec{v}, \vec{v_1}, \Omega')\vec{e_{v'}}$$

Der Stoßterm kann zunächst durch partielle Integration nach $d\Omega'$ umgeformt werden:

$$coll(f) = \frac{1}{2}\iiint d^3v_1 \; |\vec{v_1} - \vec{v}|(\int_0^{2\pi} \int_0^{\frac{\pi}{2}} \frac{d\sigma}{d\Omega'} sin(\vartheta')d\vartheta'(f_1'f' - f_1f)d\varphi'$$

$$-\int_0^{2\pi} \int_0^{\frac{\pi}{2}} \frac{d\sigma}{d\varphi'}\frac{d}{d\vartheta'}(f_1'f')d\vartheta'd\varphi')$$

$$= \frac{1}{2}\iiint d^3v_1 \; |\vec{v_1} - \vec{v}|(\int_0^{2\pi} \int_0^{\frac{\pi}{2}} \frac{d\sigma}{d\Omega'} sin(\vartheta')d\vartheta'(f_1'f' - f_1f)d\varphi'$$

$$-\int_0^{2\pi} \int_0^{\frac{\pi}{2}} \frac{d\sigma}{d\varphi'}d\varphi'\frac{d}{d\vartheta'}(f_1'f')d\vartheta'$$

$$+\int_0^{2\pi} \int_0^{\frac{\pi}{2}} \sigma(\Omega')\frac{d^2}{sin(\vartheta')d\vartheta'd\varphi'}(f_1'f')sin(\vartheta')d\vartheta'd\varphi')$$

Dabei wurde ausgenutzt, dass über die Delta-Funktionen schon integriert wurde und dass f_1f nur von $\vec{v_1}$ und $\vec{v}$ und damit nicht von einer Größe nach dem Stoß wie Ω' abhängt. Führt man nun die partielle Integration in der runden Klammer immer weiter aus, so erkennt man, dass dieser Ausdruck absolut konvergiert, wenn der Beitrag $|\frac{d^k}{d\Omega'^k}(f_1'f')|$ langsamer wächst als $(\sum_{i=0,j=1}^{\propto} \frac{1}{j^k}|a_{ij}|D_k(i) + \frac{(2\pi)^k}{k!}\sum_{i=0}^{\propto}|a_{i0}|D_k(i))^{-1}$ (nach dem Quotientenkriterium) (2).

Es ist $|\frac{d|\vec{v}'|}{d\Omega'}| \leq |\frac{d\vec{v}'}{d\Omega'}|$ sowie $|\frac{dv_i'}{d\Omega'}| \leq |\frac{d|\vec{v}'|}{d\Omega'}||e_{v'i}| + |\vec{v}'||\frac{de_{v'i}}{d\Omega'}| \leq r|\frac{d\vec{v}'}{d\Omega'}| + |\vec{v}'||\frac{de_{v'i}}{d\Omega'}|$ bekannt, wobei $r \leq 1$ ein Verkleinerungsfaktor ist.

Anschließend kann die erste Differentiation von $f_1'f'$ nach Ω' betrachtet und abgeschätzt werden:

$$\left|\frac{d}{d\Omega'}(f_1'f')\right| = \Sigma_{i=1}^3 \left|\frac{\partial f_1'}{\partial v_{1i}'}\frac{dv_{1i}'}{d\Omega'}f' + \frac{\partial f'}{\partial v_i'}\frac{dv_i'}{d\Omega'}f_1'\right| =$$

$$\sum_{i=1}^{3} \left| f_1{'}\frac{\partial f'}{\partial v_i'} - f'\frac{\partial f_1'}{\partial v_{1i}'} \right| \left| \frac{d|\vec{v}'|}{d\Omega'} e_{v'i} + |\vec{v}'|\frac{de_{v'i}}{d\Omega'} \right|$$

$$\leq \sum_{i=1}^{3} \sqrt{\vec{v}_1^2 + \vec{v}^2} \left| \frac{\partial f'}{\partial v_i'}f_1{'} - \frac{\partial f_1'}{\partial v_{1i}'}f' \right| \frac{1}{1-r} \left| \frac{de_{v'i}}{d\Omega'} \right|$$

$$\leq \frac{\sqrt{\vec{v}_1^2 + \vec{v}^2}}{1-r} \sum_{i=1}^{3} \left(\left| \frac{\partial f'}{\partial v_i'}f_1{'} \right| + \left| \frac{\partial f_1'}{\partial v_{1i}'}f' \right| \right)$$

Hierbei wurde neben der Dreiecksungleichung verwendet, dass die Funktionen $|\vec{v}'|$ eine periodische Funktion um einen Maximalwert mit $max|\vec{v}'| = \sqrt{\vec{v}_1^2 + \vec{v}^2}$ (aufgrund obere Abschätzung bzgl. Energieerhaltung, d.h. $v'^2 = \vec{v}_1^2 + \vec{v}^2 - v_1'^2 \leq \vec{v}_1^2 + \vec{v}^2$) ist bzw. angenommen, dass eine Winkelableitung von einen Einheitsvektor wieder ein Einheitsvektor ergibt. Da $\frac{1}{1-r} > 1$ ist, kann es evtl. sein, dass höhere Ableitungen einen immer größeren Wert annehmen.

Mit dieser Abschätzung sollte nur demonstriert werden, dass mit zunehmender Ableitung von $f_1'f'$ nach Ω' immer größere Werte auftreten können. Die Berechnung der k-ten Ableitung nach Ω' erweisen sich als sehr aufwändig. Wichtig ist aber, dass die obere Grenze von der k-ten Ableitung von $f_1'f'$ nach Ω' in etwa proportional zu $V_k \sqrt{\vec{v}_1^2 + \vec{v}^2}^{\,k}$ zunimmt, wobei V_k eine mit k anwachsende Folge ist. Eingesehen werden kann diese Annäherung folgendermaßen: Es ist $f_1'f'$ eine verkettete Funktion, denn sie hängt von $|\vec{v}'|\overrightarrow{e_{v'}}$ und diese hängt wiederum von Ω' ab. Durch mehrmalige Differentiationen kommt aufgrund der mehrfachen Verwendung der Kettenregel ein Ausdruck heraus, der maximal die k-te Potenz von $|\vec{v}'|$ enthält. Alle niedrigeren Potenzen davon haben zusätzlich noch Ableitungen von $|\vec{v}'|$ nach Ω' ; diese können durch analoge Abschätzungen in Bezug zu $\frac{d^n}{d\Omega'^n}|\vec{v}'|$ (siehe oben) angenähert werden. Nach der Abschätzung des Maximums von $|\vec{v}'|$ und Umformen ergibt sich die obige Abschätzung für die k-te Ableitung.

Um nun die Konvergenz des Stoßterms zu gewährleisten, kann man für die verschiedenen Potenzen von $\sqrt{\vec{v}_1^2 + \vec{v}^2}$, die bei Ableitung nach Winkelvariablen entstehen, immer kleiner machen, je höher die Potenz (oder auch Ableitung) wird. Formal bedeutet dies

$$\sqrt{\vec{v}_1^2 + \vec{v}^2} < 1.$$

Jetzt kann aus der Konvergenzbedingung $\sqrt{\vec{v}_1^2 + \vec{v}^2} < 1$ noch gefordert werden, dass der Stoßterm möglichst schnell konvergiert. Dies kann über die Wahl von C erfolgen: Setzt man C genügend hoch, so ist $\sqrt{\vec{v}_1^2 + \vec{v}^2} \ll 1$ und damit auch $v_1, v, v_1', v' \ll 1$. Quadrate dieser stoßrelevanten Geschwindigkeiten oder höhere Potenzen davon sind dann vernachlässigbar. Mit dieser Annahme kann der Stoßterm stark vereinfacht werden. Der Stoßterm wird nun wie folgt vereinfacht: Da aufgrund des Quotientenkriteriums die k-ten Ableitungen von $f_1'f'$

nach Ω' immer kleiner werden, können diese bereits ab k=1 (d.h. ab der ersten Winkelableitung) vernachlässigt werden. Es ergibt sich somit

$$coll(f) = \frac{1}{2}\iiint d^3v_1 \int_0^{2\pi}\int_0^{\pi/2} \frac{d\sigma}{d\Omega'} sin(\vartheta')d\vartheta'd\varphi'(f(\vec{v_1} + \vec{v} - |\vec{v}'|\vec{e_{v'}})f(|\vec{v}'|\vec{e_{v'}})$$
$$- f(\vec{v_1})f(\vec{v}))|\vec{v_1} - \vec{v}|$$

und nach weiterer Approximation bzgl. der Geschwindigkeiten

$$coll(f) = \frac{1}{2}\iiint d^3v_1 \int_0^{2\pi}\int_0^{\pi/2} \frac{d\sigma}{d\Omega'} sin(\vartheta')d\vartheta'd\varphi'(f(0)f(0) - f(0)f(0)$$
$$+ f^*(0)f(0)(\vec{v_1} + \vec{v} - |\vec{v}'|\vec{e_{v'}}) + f^*(0)f(0)|\vec{v}'|\vec{e_{v'}} - f^*(0)f(0)\vec{v_1}$$
$$- f^*(0)f(0)\vec{v} + \sigma(v^2))|\vec{v_1} - \vec{v}| = \frac{1}{2}\iiint d^3v_1 \left[[\sigma(\Omega')\sigma(v^2)]_0^{\frac{\pi}{2}}\right]_0^{2\pi} |\vec{v_1} - \vec{v}|$$

wobei * die Ableitung nach dem Geschwindigkeitsvektor bezeichnet (eigentlich ist f* dann eine vektorielle Größe). Durch diese Approximation hat sich der Stoßterm auf einen eigentlich vernachlässigbaren Anteil $\sigma(v^2)$ reduziert. Demnach wird eine Restgliedabschätzung nach Lagrange vorgenommen, die in Kürze zum Tragen kommen wird. Mit der obigen Konvergenzannahme $0 \leq |\vec{v_1}|, |\vec{v}| < \frac{1}{c}$ kann dieser Anteil so approximiert werden, dass der Stoßterm stark vereinfacht werden kann. Da schon die erste Ableitung von $f_1'f'$ nach Ω' vernachlässigt werden kann, ist es auch möglich, den ganzen Beitrag $f_1'f' - f_1f$ von Ω' unabhängig anzusehen. Der Anteil von $f_1'f'$ lautet gemäß der Energie- und Impulserhaltung und der Vereinbarung, dass $\vec{v}'$ bei Unabhängigkeit von Ω' in Richtung von $\vec{v}$ zeigt sowie $|\vec{v}'|$ an den Winkeln $\vartheta = 0, \varphi = 0$ ausgewertet wird:

$$f_1'f' = f\left(\vec{v_1} + \frac{[(\vec{v} - \vec{v_1})\vec{v}']\vec{v}}{|\vec{v}|^2}\right)f(\vec{v} - \frac{[(\vec{v} - \vec{v_1})\vec{v}']\vec{v}}{|\vec{v}|^2})$$

Der Stoßterm hängt jetzt nur noch von $\vec{v_1}$ und $\vec{v}$ ab. Damit kann die Approximation an die quadratische Ordnung mittels 2.partieller Differentiationen (Summationskonvention!) erfolgen:

$coll(f) =$
$\frac{1}{2}\sigma_0 \iiint d^3v_1 \frac{1}{2} [\frac{\partial^2(f_1'f'-f_1f)}{\partial v_i \partial v_j}(\vec{\xi},\vec{\eta})v_i v_j + 2\frac{\partial^2(f_1'f'-f_1f)}{\partial v_i \partial v_{1j}}(\vec{\xi},\vec{\eta})v_i v_{1j} +$
$\frac{\partial^2(f_1'f'-f_1f)}{\partial v_{1i} \partial v_{1j}}(\vec{\xi},\vec{\eta})v_{1i}v_{1j}]|\vec{v_1} - \vec{v}|.$

Hierbei ist $\vec{\xi}$ (wird für $\vec{v}$ eingesetzt) ein Geschwindigkeitsvektor, der vom Betrag her kleiner ist als $\vec{v}$ und $\vec{\eta}$ (wird für $\vec{v_1}$ eingesetzt) ist vom Betrag kleiner als $\vec{v_1}$. Somit wurde das Lagrangesche Restglied eingeführt. Nun können $\vec{\xi}, \vec{\eta}$ nach Annahme sehr klein gewählt werden. Damit kann man sich Stößen mit sehr kleinen Geschwindigkeiten widmen: Die „Erzeugungsrate" $f_1' f'$ bei Stößen ist dann in etwa gleicher Größenordnung wie die Vernichtungsrate $f_1 f$. Es gilt also dann stets: $f_1' \sim f' \sim f_1 \sim f$. Aufgrund der Annahme, die Geschwindigkeiten sehr klein zu wählen und den partiellen Differentiationen muss nun eine um ein Skalenfaktor verkleinerte Geschwindigkeit $u := vv, v \ll 1$ (Indexnotationen beibehalten) eingeführt werden. All dies führt insgesamt auf:

$$coll(f) =$$
$$\frac{1}{4}\sigma_0 \iiint d^3 v_1\, c_0 \left[\frac{\partial^2 (f_1 f)}{\partial v_i \partial v_j}(\vec{u}, \vec{u_1}) u_i u_j + 2 \frac{\partial^2 (f_1 f)}{\partial v_i \partial v_{1j}}(\vec{u}, \vec{u_1}) u_i u_{1j} + \frac{\partial^2 (f_1 f)}{\partial v_{1i} \partial v_{1j}}(\vec{u}, \vec{u_1}) u_{1i} u_{1j} \right] |\vec{v_1} - \vec{v}|.$$

c_0 ist dabei ein Unterscheidungsfaktor, der angibt, wie stark sich „Erzeugungsrate" und „Vernichtungsrate" unterscheiden. Er ist sogar aufgrund obiger Annahmen dem Faktor, wie $|\vec{v_1} - \vec{v}|$ verkleinert wurde, proportional. Nun wird noch das Volumenelement $d^3 v_1'$ mit einen Faktor v verkleinert, sodass sich nach Zusammenfassen aller Konstanten zu c^* ergibt:

$$coll(f) = c^* \sigma_0 \iiint d^3 u_1 \left[\frac{\partial^2 (f_1 f)}{\partial u_i \partial u_j} u_i u_j + 2 \frac{\partial^2 (f_1 f)}{\partial u_i \partial u_{1j}} u_i u_{1j} + \frac{\partial^2 (f_1 f)}{\partial u_{1i} \partial u_{1j}} u_{1i} u_{1j} \right] |\vec{u_1} - \vec{u}|.$$

Hier nicht ausführlich dargestellte Ausführung der Integration ergibt:

$$coll(f) = c^* \sigma_0 n \left(I_1 \frac{\partial^2 (f)}{\partial u_i \partial u_j} u_i u_j + I_2 \frac{\partial (f)}{\partial u_i} u_i + I_3 f \right).$$

Entsprechend kann auf der linken Seite der Boltzmann-Gleichung hinsichtlich der Geschwindigkeiten bzw. Koordinaten eine Skalentransformation gemacht werden, sodass für $z_i := v x_i$ gilt:

$$\frac{\partial f}{\partial t} + \frac{\partial f}{\partial z_i} u_i + \frac{\partial f}{\partial u_i} \frac{v F_i}{m} = c^* \sigma_0 n \left(I_1 \frac{\partial^2 f}{\partial u_i \partial u_j} u_i u_j + I_2 \frac{\partial f}{\partial u_i} u_i + I_3 f \right)$$

Dies ist eine Approximation, die auch Restgliedapproximation genannt wird. Um nun diese lineare PDGL leichter lösen zu können, wird hier nur noch der Fall betrachtet, dass äußere Kräfte F_i vernachlässigbar sind. Diese Arbeit behandelt nun der Einfachheit halber den Fall, dass nur die Strömungsgeschwindigkeit von Ort und Zeit abhängig ist und die räumlichen und zeitlichen Änderungen davon in kleiner Störungsordnung sind. Es wird nun ein Ansatz der Form $f = A(\vec{u}, \vec{V}) e^{-\frac{\beta(\vec{u} - v\vec{V})^2}{v^2}}$ gemacht. Die Orts- und Zeitableitungen des Faktors $A(\vec{V})$ wirken dann ebenfalls auf die Strömungsgeschwindigkeit $\vec{V}$. Damit lautet die DGL:

$$-\frac{2\beta}{v}(\vec{u} - v\vec{V})\left(\frac{\partial \vec{V}}{\partial t} + \frac{\partial \vec{V}}{\partial z_i} u_i \right) A + A_t + A_{z_i} u_i = c^* \sigma_0 n \Big(I_1 A_{u_i u_j} u_i u_j - \frac{2\beta}{v^2} I_1 (A_{u_i} u_i +$$
$$A_{u_j} u_j)(\vec{u} - v\vec{V})\vec{u} - \frac{2\beta}{v^2} I_1 A \delta_{ij} u_i u_j + \left(\frac{2\beta}{v^2}\right)^2 I_1 A (u_i - vV_i)(u_j - vV_j) u_i u_j + I_2 A_{u_i} u_i -$$
$$\frac{2\beta}{v^2} I_2 A(\vec{u} - v\vec{V})\vec{u} + I_3 A \Big) \approx c^* \sigma_0 n \Big(I_1 A_{u_i u_j} u_i u_j - \frac{2\beta}{v^2} I_1 (A_{u_i} u_i + A_{u_j} u_j)(\vec{u} - v\vec{V})\vec{u} + I_2 A_{u_i} u_i \Big).$$

Dabei wurde verwendet, dass das Kollisionsintegral über die Gleichgewichtsverteilung verschwindet. Diese DGL kann im Allgemeinen nur numerisch gelöst werden. Aber mithilfe der Störungstheorie, die man bis zur linearen Ordnung ohne zweite Ableitungen ansetzt, kann die Verteilungsfunktion näherungsweise durch folgenden Ausdruck beschrieben werden; Rücktransformation bezüglich Skalen wird ebenfalls noch benutzt:

$$f = \left(A_{eq} + A_{ij}(\vec{v}, \vec{V})(v_j \frac{\partial v_i}{\partial x_j} + \frac{\partial v_i}{\partial t}) \right) e^{-\beta(\vec{v}-\vec{V})^2}.$$

Hierbei wurde nach der mittleren freien Weglänge $\lambda = \frac{1}{\sigma_0 n}$ eine Störungsrechnung durchgeführt, da diese bei Atmosphärendruck sehr klein wird und quadratische bzw. höhere Potenzen davon aufgrund der Kleinheit verschwinden. Durch diese Störungsrechnung wird auch automatisch das H-Theorem erfüllt, denn der Kollisionsterm liegt dann selbst in quadratischer Störungsordnung vor und kann deshalb vernachlässigt werden. Man kann es so einsehen: Entwickelt man $-kln f$ um die Gleichgewichtsfunktion, die im aufintegrierten Kollisionsintegral stets verschwinden muss, so ist der Beitrag, der im Kollisionsintegral nicht verschwindet: $-kln(f) \sim -\frac{k(A-A_{eq})}{A_{eq}}$. Außerdem ist

$$coll(f) = -\frac{2\beta}{v}\left(\vec{u} - v\vec{V}\right)\left(\frac{\partial \vec{v}}{\partial t} + \frac{\partial \vec{v}}{\partial z_i}u_i\right)A + A_t + A_{z_i}u_i.$$ Zusammenfassend ergibt sich also (inkl Vernachlässigung von 2. Ableitungen):

$$\iiint d^3 v\, coll(f)(-kln f) = 2k\beta \iiint d^3 v \left(\vec{v} - \vec{V}\right)\left(\frac{\partial \vec{v}}{\partial t} + \frac{\partial \vec{v}}{\partial x_i}v_i\right)A(A - A_{eq})/$$

$$A_{eq} \sim 2k\beta \iiint d^3 v (\vec{v} - \vec{V}) A_{ij}(\vec{v}, \vec{V})\left(\frac{\partial \vec{v}}{\partial t} + \frac{\partial \vec{v}}{\partial x_i}v_i\right)^2 A/A_{eq} \geq 0 .$$

Nun lassen sich auch Strömungsgrößen wie der Spannungstensor ableiten. Es wird nun eine durch Störungsrechnung erhaltene Näherungsfunktion angegeben: $f = A_{eq}[1 + \frac{\beta}{n\sigma_0 l_1} K(\vec{v}, \vec{V})\left(\frac{\partial v_j}{\partial t} + \frac{\partial v_j}{\partial x_i}v_i\right)(v_j - V_j)]e^{-\beta(\vec{v}-\vec{V})^2}.$

Nun kann der Spannungstensor berechnet werden:

$$\begin{aligned}
\sigma_{ij} &= m \iiint d^3 v f\, (v_i - V_i)(v_j - V_j) \\
&= m \iiint d^3 v' \Big[1 \\
&\quad + \frac{\beta}{n\sigma_0 l_1} K(\vec{v}, \vec{V})\left(\frac{\partial V_l}{\partial t} + \frac{\partial V_l}{\partial x_k}(v_k' + V_k)\right)(v_l') \Big] A_{eq} e^{-\beta(\vec{v}')^2}(v_i')(v_j') \\
&= p\delta_{ij} + \frac{\eta}{1}\left(\frac{\partial V_j}{\partial x_i} + \frac{\partial V_i}{\partial x_j}\right)
\end{aligned}$$

Der zeitliche Änderungsanteil liefert also keinen Beitrag in dieser Störungsordnung, da die dritten Momente verschwinden. Die Faktoren für die Viskosität sind wie in allen anderen Näherungsverfahren für den Stoßterm der Wurzel aus der Temperatur bzw. der mittleren freien Weglänge proportional (deshalb stellt $K(\vec{v}, \vec{V})$ eine Funktion dar, die numerisch bestimmt werden muss, aber dimensionslos ist). Erst in der quadratischen Störungsordnung bzw. bei höheren Ableitungen kommt die zeitliche Änderung zum Tragen. So existieren in der Hydrodynamik Spannungstensoren, die dem Quadrat des Verzerrungstensors proportional sind (3). Diese können mithilfe der quadratischen Ordnung des Ausdrucks $\left(\frac{\partial v_l}{\partial t} + \frac{\partial v_l}{\partial x_k}(v_k' + V_k)\right)(v_l')$ berechnet werden. Eine wichtige Vorraussetzung ist, dass die Spannungstensoren vom Beobachter unabhängig sind; dies muss dann auch für Spannungstensoren mit Zeitableitung gelten (3).

<u>Kapitel 4: Herleitung makroskopischer Größen</u>

Für den folgenden Abschnitt wird nicht nur die Strömungsgeschwindigkeit von Ort und Zeit abhängig sein, sondern auch die Temperatur. Damit sollen alle makroskopischen Größen wie Druck, Viskosität, Energiedichte und Wärmestrom bestimmt werden können. Diese Annäherung lautet dann:

$$-\frac{2\beta}{v}(\vec{u} - v\vec{V})\left(\frac{\partial \vec{V}}{\partial t} + \frac{\partial \vec{V}}{\partial z_i}u_i\right)A - \frac{1}{v^2}(\vec{u} - v\vec{V})^2\left(\frac{\partial \beta}{\partial t} + \frac{\partial \beta}{\partial z_i}u_i\right)A + A_t + A_{z_i}u_i =$$

$$c^*\sigma_0 n(I_1 A_{u_i u_j}u_i u_j - \frac{2\beta}{v^2}I_1(A_{u_i}u_i + A_{u_j}u_j)(\vec{u} - v\vec{V})\vec{u} + I_2 A_{u_i}u_i).$$

Auch hier wird nun eine lineare Störungsrechnung nach $-\frac{2\beta}{v}(\vec{u} - v\vec{V})\left(\frac{\partial \vec{V}}{\partial t} + \frac{\partial \vec{V}}{\partial z_i}u_i\right) - \frac{1}{v^2}(\vec{u} - v\vec{V})^2\left(\frac{\partial \beta}{\partial t} + \frac{\partial \beta}{\partial z_i}u_i\right) + \frac{\partial A_{eq}}{\partial t} + \frac{\partial A_{eq}}{\partial z_i}u_i$ unter Vernachlässigung höherer Ordnungen bzw. höheren Ableitungen durchgeführt und es gilt dann in etwa (Skalentransformation):

$$f = \left(A_{eq} + \frac{\beta}{n\sigma_0 I_1}K(\vec{v}, \vec{V}, T)(A_{eq}(\vec{v} - \vec{V})\left(\frac{\partial \vec{V}}{\partial t} + \frac{\partial \vec{V}}{\partial x_i}v_i\right) + \frac{A_{eq}}{2\beta}(\vec{v} - \vec{V})^2\left(\frac{\partial \beta}{\partial t} + \frac{\partial \beta}{\partial x_i}v_i\right)\right.$$

$$\left. - \frac{1}{2\beta}(\frac{\partial A_{eq}}{\partial t} + \frac{\partial A_{eq}}{\partial x_i}v_i))\right)e^{-\beta(\vec{v}-\vec{V})^2}$$

Auch hier ist $K(\vec{v}, \vec{V}, T)$ eine dimensionslose und numerisch zu bestimmende Größe. Nun können makroskopische Größen hergeleitet werden:

a) Geschwindigkeit:

$$\vec{\bar{v}} = \frac{1}{n}\iiint d^3v\vec{v}f = \vec{V} - \frac{1}{2n\beta}\iiint d^3v\left(A_{eq} + \frac{\beta}{n\sigma_0 I_1}K(\vec{v}, \vec{V}, T)\left(A_{eq}(\vec{v} - \vec{V})\left(\frac{\partial \vec{V}}{\partial t} + \right.\right.\right.$$

$$\left.\left.\left.\frac{\partial \vec{V}}{\partial x_i}v_i\right) + \frac{1}{2\beta}A_{eq}(\vec{v} - \vec{V})^2\left(\frac{\partial \beta}{\partial t} + \frac{\partial \beta}{\partial x_i}v_i\right) - \frac{1}{2\beta}(\frac{\partial A_{eq}}{\partial t} + \frac{\partial A_{eq}}{\partial x_i}v_i))\right)\frac{\partial}{\partial \vec{v}}(e^{-\beta(\vec{v}-\vec{V})^2}) =$$

$$\vec{V} + \frac{1}{2n\beta}\iiint d^3v A_{eq}e^{-\beta(\vec{v}-\vec{V})^2}(\frac{\beta}{n\sigma_0 I_1}K(\vec{v}, \vec{V}, T)\left(\left(\frac{\partial \vec{V}}{\partial t} + \frac{\partial \vec{V}}{\partial x_i}v_i\right) + \frac{\partial V_i}{\partial x_i}(\vec{v} - \vec{V}) + \right.$$

$$\left.\frac{1}{\beta}(\vec{v} - \vec{V})\left(\frac{\partial \beta}{\partial t} + \frac{\partial \beta}{\partial x_i}v_i\right) + \frac{1}{2\beta}\frac{\partial \beta}{\partial x_i}(v_i - V_i)(\vec{v} - \vec{V}) - \frac{1}{2\beta}grad_x A_{eq}\right) + \sigma(grad_v K)) \approx$$

13

$$\vec{V} + \frac{c}{n\sigma_0 l_1}\left(A_{eq}\left(\frac{\partial\vec{v}}{\partial t} + \frac{\partial\vec{v}}{\partial x_i}V_i\right) + \frac{3}{4\beta^2}A_{eq}\,grad_x\beta - \frac{1}{2\beta}grad_x A_{eq}\right) =$$

$$\vec{V} + A_{eq}\frac{c}{n\sigma_0 l_1}\,grad\sigma \approx \vec{V}$$

Hierbei wurde die Abhängigkeit Zustandssumme A_{eq} von der Temperatur bzw. die Navier-Stokes-Gleichung verwendet. Der Faktor K wurde als etwa konstant betrachtet, da er dimensionslos ist. Außerdem wurde die mittlere freie Weglänge vernachlässigt, da sie im makroskopischen Bereich bei Atmosphärendruck extrem klein ist im Vergleich zu den charakteristischen Abmessungen des Strömungssystems.

b) Spannungstensor:

$$\sigma_{ij} = m\iiint d^3v\,(v_i - V_i)(v_j - V_j)\,f$$

$$= m\iiint d^3v\,(v_i - V_i)(v_j - V_j)\Bigg(A_{eq}$$

$$+ \frac{\beta}{n\sigma_0 l_1}K(\vec{v},\vec{V},T)(A_{eq}(\vec{v}-\vec{V})\left(\frac{\partial\vec{V}}{\partial t} + \frac{\partial\vec{V}}{\partial x_i}v_i\right)$$

$$+ \frac{A_{eq}}{2\beta}(\vec{v}-\vec{V})^2\left(\frac{\partial\beta}{\partial t} + \frac{\partial\beta}{\partial x_i}v_i\right) - \frac{1}{2\beta}\left(\frac{\partial A_{eq}}{\partial t} + \frac{\partial A_{eq}}{\partial x_i}v_i\right)\Bigg)\,e^{-\beta(\vec{v}-\vec{V})^2}$$

$$= p\delta_{ij} + \frac{\eta}{1}\left(\frac{\partial V_j}{\partial x_i} + \frac{\partial V_i}{\partial x_j}\right) - \frac{2\eta}{3}\frac{\partial V_k}{\partial x_k} + \frac{3kTc\delta_{ij}}{4\sigma_0 l_1}\left(\frac{\partial ln\beta}{\partial t} + \frac{\partial ln\beta}{\partial x_k}V_k\right)$$

$$- \frac{kTc\delta_{ij}}{2\sigma_0 l_1}\left(\frac{\partial lnA_{eq}}{\partial t} + \frac{\partial lnA_{eq}}{\partial x_k}V_k\right) = p\delta_{ij} + \frac{\eta}{1}\left(\frac{\partial V_j}{\partial x_i} + \frac{\partial V_i}{\partial x_j}\right) - \frac{2\eta}{3}\frac{\partial V_k}{\partial x_k}, p$$

$$= m\iiint d^3v\,(v_{x,y,z} - V_{x,y,z})(v_{x,y,z} - V_{x,y,z})A_{eq}e^{-\beta(\vec{v}-\vec{V})^2} = nkT, \eta$$

$$= m\frac{\beta}{n\sigma_0 l_1}\iiint d^3v\,K(\vec{v},\vec{V},T)[(v_i - V_i)(v_j - V_j)]^2 A_{eq}e^{-\beta(\vec{v}-\vec{V})^2}\,(i$$

$$\neq j)\sim\frac{m}{\sigma_0}\sqrt{T}$$

c) Energiedichte:

$$e = \frac{m}{2}\iiint d^3v\,(\vec{v}-\vec{V})^2 f$$

$$= \frac{m}{2}\iiint d^3v\,(\vec{v}-\vec{V})^2\Bigg(A_{eq}$$

$$+ \frac{\beta}{n\sigma_0 l_1}K(\vec{v},\vec{V},T)(A_{eq}(\vec{v}-\vec{V})\left(\frac{\partial\vec{V}}{\partial t} + \frac{\partial\vec{V}}{\partial x_i}v_i\right)$$

$$+ \frac{A_{eq}}{2\beta}(\vec{v}-\vec{V})^2\left(\frac{\partial\beta}{\partial t} + \frac{\partial\beta}{\partial x_i}v_i\right) - \frac{1}{2\beta}\left(\frac{\partial A_{eq}}{\partial t} + \frac{\partial A_{eq}}{\partial x_i}v_i\right)\Bigg)\,e^{-\beta(\vec{v}-\vec{V})^2}$$

$$= \frac{1}{2}sp\sigma = \frac{3}{2}nkT$$

(Spur des Reibungs-Spannungstensors verschwindet!)

d) Wärmestromdichte:

$$q_i = \frac{m}{2} \iiint d^3v(\vec{v}-\vec{V})^2(v_i - V_i)f$$

$$= \frac{m}{2} \iiint d^3v(\vec{v}-\vec{V})^2(v_i-V_i)\Bigg(A_{eq}$$

$$+ \frac{\beta}{n\sigma_0 I_1}K(\vec{v},\vec{V},T)(A_{eq}(\vec{v}-\vec{V})\left(\frac{\partial\vec{V}}{\partial t}+\frac{\partial\vec{V}}{\partial x_k}v_k\right)$$

$$+ \frac{A_{eq}}{2\beta}(\vec{v}-\vec{V})^2\left(\frac{\partial\beta}{\partial t}+\frac{\partial\beta}{\partial x_k}v_k\right)-\frac{1}{2\beta}(\frac{\partial A_{eq}}{\partial t}+\frac{\partial A_{eq}}{\partial x_k}v_k))\Bigg)e^{-\beta(\vec{v}-\vec{V})^2}$$

$$= -\lambda\frac{\partial T}{\partial x_i}, \lambda$$

$$= -\frac{m}{4n\sigma_0 I_1}\iiint d^3v K(\vec{v},\vec{V},T)[(\vec{v}-\vec{V})^4(v_i-V_i)\frac{\partial\beta}{\partial T}(v_i-V_i)A_{eq}$$

$$- (\vec{v}-\vec{V})^2(v_i-V_i)\frac{\partial A_{eq}}{\partial T}(v_i-V_i)]e^{-\beta(\vec{v}-\vec{V})^2}$$

e) H-Theorem:

$$\iiint d^3v\,coll(f)(-klnf)$$

$$\approx -k\iiint d^3v\left[-\frac{2\beta}{1}(\vec{v}-\vec{V})\left(\frac{\partial\vec{V}}{\partial t}+\frac{\partial\vec{V}}{\partial x_i}v_i\right)\right.$$

$$\left.- (\vec{v}-\vec{V})^2\left(\frac{\partial\beta}{\partial t}+\frac{\partial\beta}{\partial x_i}v_i\right)+\frac{\partial A_{eq}}{\partial t}+\frac{\partial A_{eq}}{\partial x_i}v_i\right]\cdot$$

$$\times \frac{\beta}{n\sigma_0 I_1}K(\vec{v},\vec{V},T)(A_{eq}(\vec{v}-\vec{V})\left(\frac{\partial\vec{v}}{\partial t}+\frac{\partial\vec{v}}{\partial x_i}v_i\right)+$$

$$\frac{A_{eq}}{2\beta}(\vec{v}-\vec{V})^2\left(\frac{\partial\beta}{\partial t}+\frac{\partial\beta}{\partial x_i}v_i\right)-\frac{1}{2\beta}(\frac{\partial A_{eq}}{\partial t}+\frac{\partial A_{eq}}{\partial x_i}v_i))/A_{eq} \geq 0$$

(resultiert durch Herausziehen des Faktors $-\frac{2\beta}{1}$ aus erster Klammer). Dabei gilt

$$K(\vec{v},\vec{V},T) \geq 0.$$

Kapitel 5: Allgemeine Approximation der Boltzmann-Gleichung unter funktionalanalytischer Betrachtung

Es ist auch möglich, die allgemeine Boltzmann-Gleichung

$$\frac{Df}{Dt} := \frac{\partial f}{\partial t} + \frac{\partial f}{\partial x_i}v_i + \frac{\partial f}{\partial v_i}\frac{F_i}{m} = \iiint d^3v_1' d^3v' \, d^3v_1 w(\vec{v}_1',\vec{v}',\vec{v}_1,\vec{v})(f_1'f'-f_1f)$$

mit allgemeinen, von intermolekularen Wechselwirkungen abhängigen $w(\vec{v}_1',\vec{v}',\vec{v}_1,\vec{v})$ durch entsprechende Approximationen zu lösen. Dies kann im Allgemeinen über die Annahme, dass der Stoßterm stets integrierbar sein muss, erfolgen. Integrierbarkeit wird in der Theorie der $\mathcal{L}^p$-Räume untersucht. Damit soll nun folgende Annahme benutzt werden:

Der Stoßterm muss stets messbar und im Funktionenraum $\mathcal{L}^1$ sein, d.h.

$$\left(\int \iiint d\mu \left(w(\vec{v}_1', \vec{v}', \vec{v}_1, \vec{v})(f_1'f' - f_1 f) \right)^1 d\mu_+ \right)^{\frac{1}{1}} < \propto$$

(μ ist das 9-dimensionale Volumenmaß $d^3v_1' d^3v' d^3v_1$ und μ_+ das 3-dimensionale Volumenmaß d^3v) und damit darf er nicht divergieren. Bei Energie- und Impulserhaltung sowie Zeitumkehrsymmetrie ist $\int \iiint d\mu \left(w(\vec{v}', \vec{v}', \vec{v}_1, \vec{v})(f_1'f' - f_1 f) \right)^1 d\mu_+ = 0$ und die wahre Aussage ergibt sich automatisch.

Mit dieser Annahme kann man auf Beziehungen des Stoßterms mit Funktionenräumen kommen. Dies erfolgt, indem man die Dualität von $\mathcal{L}^p$-Räumen ausnutzt. Ein wichtiger Satz, der zu Aussagen über die Relation des Stoßterms zu anderen Funktionenräumen führt, ist der Satz von Steinhaus:

Satz 1.1: Der $\mathcal{L}^1$-Raum ist isomorph bzw. dual zum $\mathcal{L}^\propto$-Raum (4).

In Worten bedeutet dies, dass der $\mathcal{L}^\propto$-Raum von der gleichen Art ist wie der $\mathcal{L}^1$-Raum. Desweiteren wird der folgende Satz verwandt:

Satz 1.2: Die Abbildung

$$T: \mathcal{L}^\propto \to \mathcal{L}^1, g \to T(g), T_f(g) = \int d\mu(fg)$$

Mit beliebiger Funktion f ist ein Isomorphismus (4).
Dieser Satz lässt sich nun auf den Stoßterm verwenden, indem als Integrationskern $f = w$, als Integrationsmaß $\mu = \mu$ und als Funktionsargument $g = (f_1'f' - f_1 f) \in \mathcal{L}^\propto$ gewählt wird. Damit ist $coll(f) \in \mathcal{L}^1$, was vorausgesetzt wurde. Über diesen Satz wurde nun herausgefunden, dass der Ausdruck $f_1'f' - f_1 f$ im $\mathcal{L}^\propto$-Raum sein muss, um die Konvergenz des Stoßterms zu gewährleisten. Desweiteren sagt der Satz von Steinhaus aus, dass sowohl $f_1'f' - f_1 f$ als auch $coll(f)$ in Funktionenräumen liegen, die zueinander isomorph, bzw. strukturähnlich sind. Dieser Sachverhalt ist unabhängig von der Wahl von w. Die obige Annahme ist also zu der Aussage
$$f_1'f' - f_1 f \in \mathcal{L}^\propto, coll(f) = \hat{T}(f_1'f' - f_1 f)$$
äquivalent. Hierbei ist $\hat{T}$ ein linearer Operator und das Dach-Superskript signalisiert stets, dass es sich um einen linearen Operator handelt, der auf eine Funktion angewandt werden kann mit $\hat{T}: \mathcal{L}^\propto \to \mathcal{L}^1, \hat{T} = \widehat{\int d\mu f}$. Zusätzlich wurde noch benutzt, dass $\mathcal{L}^p$-Räume auch Dualräume bzw. Vektorräume sind und dass Isomorphismen zwischen diesen Funktionenräumen als lineare Abbildungen betrachtet werden können. Dies ist wie folgt einzusehen: Es sei

$$T: g \to h, T(ax + by) = aT(x) + bT(y) \in \mathcal{L}^q; a, b \in \mathbb{R}; x, y \in \mathcal{L}^p$$

eine lineare Abbildung zwischen zwei $\mathcal{L}^p$-Räumen. Nun seien die Räume $\mathcal{L}^p$ und $\mathcal{L}^q$ zueinander isomorph. Dann ist diese lineare Abbildung ebenfalls ein Isomorphismus. Der Kollisionsterm lässt sich also als lineare Abbildung von $f_1'f' - f_1 f$ wie folgt darstellen:

$$coll(f) = \hat{T}(f_1'f' - f_1 f) = \widehat{\int d\mu w} \, (f_1'f' - f_1 f).$$

Der Operator $\int d\mu w$ soll auch das Wechselwirkungsfunktional darstellen. Er hat die Eigenschaft, dass er isomorph auf Verteilungsfunktionen f, die von $\vec{v}_1'\,,\vec{v}'\,,\vec{v}_1$ abhängen (weil das Maß μ von diesen abhängt), wirkt. Vorher sollen aber noch die obigen Bedingungen näher erklärt werden. Es muss nun folgendes gefordert werden:

$$||f_1'f' - f_1 f||_\propto := \sqrt[\propto]{\int d\mu (f_1'f' - f_1 f)^\propto} = sup\ ||f_1'f' - f_1 f|| < \infty.$$

Die Norm der Differenz zwischen den beiden Produkten aus Verteilungsfunktionen muss also stets (auch im Maximalwert) einen endlichen Wert annehmen, unabhängig vom physikalischen Zustand. Im Gleichgewichtszustand sind die Verteilungsfunktionen Gaußsche Glockenkurven, bei denen aufgrund Energie- und Impulserhaltung der Wert $f_1'f' - f_1 f$ verschwindet. Also kann physikalisch der Ausdruck $||f_1'f' - f_1 f||$ als Gleichgewichtsstörungsnorm interpretiert werden. Nun wird die bereits durchgeführte Approximation dieses Ausdrucks bis zur quadratischen Ordnung durchgeführt (absolute und lineare Ordnung verschwindet wegen Impulserhaltung) und die Dreiecksungleichung angewandt:

$$||f_1'f' - f_1 f|| \leq \sum_i ||a_i \nabla^i (f_1'f' - f_1 f) v^i||\ + \cdots < \infty.\ \text{(hier nur für eine Geschwindigkeit}$$
geschrieben worden)

Diese Aussage ist nun äquivalent dazu, dass die Taylorreihenglieder $s_i := ||a_i \nabla^i (f_1'f' - f1fvi||+\dots$ eine Nullfolge sein müssen, d.h. die Taylorreihe muss konvergieren. Da nun beliebige Geschwindigkeitsbeträge $||v||$ auftreten, ist die Konvergenz nur dann gesichert, wenn für sehr hohe Geschwindigkeitsbeträge noch in etwa Gleichgewichtsverteilungsfunktionen gelten. Dies hat dann nämlich zur Folge, dass die Taylorreihendarstellung von $||f_1'f' - f_1 f||$ nur für genügend kleine $||v||$ einen Wert ungleich null liefert. Die Werte einer Verteilungsfunktion im Bereich kleiner Geschwindigkeitsbeträge können als etwa parabelförmig verlaufend angenommen werden, denn die Gaußsche Normalverteilung bzw. auch eine Störung dieser aufgrund Nichtgleichgewichtsprozesse verläuft in etwa so. Deshalb ist es sehr ratsam, den Ausdruck $f_1'f' - f_1 f$ bis zu den quadratischen Ableitungen zu approximieren, sodass dieser durch eine parabolische Näherungsfunktion beschrieben werden kann. Alle höheren Ableitungen können also vernachlässigt werden. Nach dem Quotientenkriterium würde dann auch die obige Taylorreihendarstellung konvergieren und die Forderung $f_1'f' - f_1 f \in \mathcal{L}^\propto$ ist dann erfüllt.

Nun kann diese Approximation in den Stoßterm mit Berücksichtigung der Impulserhaltung eingesetzt werden:

$$coll(f) = \int d\mu w\, \frac{1}{2}\widehat{\nabla}_i \widehat{\nabla}_j (f_1'f' - f_1 f) v_i v_j.\ \text{(hierbei geht die Summationskonvention über alle}$$
zwölf Geschwindigkeitskomponenten (3mal die vier im Zweierstoß auftretenden Geschwindigkeiten)

Dabei treten weitere lineare Operatoren auf, die Nabla-Differentialoperatoren nach Geschwindigkeiten. Diese Operatoren differenzieren eigentlich nicht nur, sondern setzen für die Funktionen auch entsprechend den Taylor-Entwicklungspunkt, der bei der Approximation bei etwa Null liegt. Aufgrund der Annahme, dass die Geschwindigkeiten in kleiner Größenordnung liegen, kann man aber auf das Einsetzen des Taylor-Entwicklungspunktes verzichten, denn $v_i \approx 0 \forall i \in \{1, \ldots, 12\}$. Da nach Anwenden dieser linearen Nabla-Operatoren die Abhängigkeit von den Geschwindigkeiten verschwindet, kann das Wechselwirkungsfunktional wie folgt wirken: Es gilt stets die Zeitumkehrsymmetrie, sodass gilt:

$$\widehat{\nabla}_i \widehat{\nabla}_j (f_1' f' - f_1 f) v_i v_j = -\widehat{\nabla}_i^{*} \widehat{\nabla}_j^{*} (f_1 f - f_1' f') v_i^* v_j^*.$$

Der * soll dabei die Zeitumkehr der jeweiligen Geschwindigkeit(sableitung) sein, z.B. gilt $v^* = v', v'^* = v$. Diese Aussage bedeutet nun, dass sich $f_1' f'$ in etwa proportional zu $f_1 f$ darstellen lässt, denn:

$$\widehat{\nabla}_i \widehat{\nabla}_j ((k-1) f_1 f) v_i v_j = -\widehat{\nabla}_i^{*} \widehat{\nabla}_j^{*} (f_1 f (1-k)) v_i^* v_j^* = (k-1) \widehat{\nabla}_i^{*} \widehat{\nabla}_j^{*} (f_1 f) v_i^* v_j^* =$$
$$(k-1) \widehat{\nabla}_i \widehat{\nabla}_j (f_1 f) v_i v_j.$$

Dabei wurde die Linearität der Nabla-Operatoren ausgenutzt. Um die Gültigkeit von $f_1' f' \sim f_1 f$ endgültig zu zeigen, widmet man sich der Theorie der Distributionen.

Dienen die Nabla-Operatoren ausschließlich der Differentiation nach den Geschwindigkeiten, so muss aber noch (um den Taylor-Entwicklungspunkt zu erzeugen) der Definitionsbereich der Geschwindigkeiten eingegrenzt werden. Dies soll über das Wechselwirkungsfunktional geschehen. Außerdem enthält das Wechselwirkungsfunktional Delta-Funktionen bzgl. Energie- und Impulserhaltung. Somit lässt sich das Wechselwirkungsfunktional als Folge von vier Operatoren schreiben:

$$\widehat{T} = \int \widehat{d\mu w'} \, \widehat{\delta_E} \widehat{\delta_p} \widehat{\theta}.$$

Darin bedeutet $\widehat{\theta}$ der Geschwindigkeitseingrenzungsoperator, $\widehat{\delta_p}, \widehat{\delta_E}$ das Impuls, bzw. Enerieerhaltungsdelta, was im Konkreten $\delta(v_1'^2 + v'^2 - v_1^2 - v^2), \delta(\vec{v}_1' + \vec{v}' - \vec{v}_1 - \vec{v})$ entspricht und w' der Rest des Kollisionskerns, wobei bei Starrkugeln z.B.

$w' = \frac{1}{2} \frac{d\sigma}{d\Omega'} |\vec{v}_1 - \vec{v}|$ ist. Von besoneren Interesse ist der Eingrenzungsoperator. In der Distributionstheorie gibt es das Konzept des kompakten Trägers. Ein kompakter Träger ist eine kompakte Definitionsmenge, die beim Einsetzen in eine Funktion oder Distribution nicht null ergibt (1). Der Operator $\widehat{\theta}$ kann also folgendermaßen aufgefaßt werden: Sei $\frac{1}{2} \widehat{\nabla}_i \widehat{\nabla}_j (f_1' f' - f_1 f) v_i v_j = R(D) \neq 0$, wobei D eine Definitionsmenge und R eine Funktion, die diese Definitionsmenge in die Wertemenge abbildet, ist. D sei nun die kompakte Umgebung von einer beliebigen Geschwindigkeitskomponente v_i, in der der Nichtgleichgewichtsanteil nicht verschwindet. Damit ist der Träger der Funktion $R \coloneqq$

$\frac{1}{2}\widehat{\nabla}_i\widehat{\nabla}_j(f_1'f' - f_1f)v_iv_j$ genau gleich D. Somit entspricht der Operator $\hat{\theta}$ der Beschränkung einer Definitionsmenge auf einen kompakten Träger, also: $\hat{\theta}: D \to supp(D)$. Wird der Bereich D genügend klein gewählt, so gilt $D = supp(D)$ und damit $\hat{\theta} = \widehat{id}$. Insgesamt bedeutet das alles: Es ist legitim, den Taylor-Entwicklungspunkt statt um die Null um eine auf die Trägermenge der Funktion R beschränkte Geschwindigkeit zu entwickeln.

Nun wird die Auswertung der Energie- und Impulsdeltas vorgenommen: Auch diese können nur in der Trägermenge von D wirken, denn alle Geschwindigkeiten außerhalb würden durch die Beschränkung keinen Beitrag liefern. Das Lebesgue-Integrieren über die entsprechenden Geschwindigkeiten würde

$$f_1'f' = f\left(\vec{v_1} + \frac{[(\vec{v} - \vec{v}_1)\vec{v}]\vec{v}}{|\vec{v}|^2}\right) f(\vec{v} - \frac{[(\vec{v} - \vec{v}_1)\vec{v}]\vec{v}}{|\vec{v}|^2})$$

ergeben. Dabei muss noch gelten: $\left\{\vec{v_1} + \frac{[(\vec{v}-\vec{v}_1)\vec{v}]\vec{v}}{|\vec{v}|^2}\right\} \cup \{\vec{v} - \frac{[(\vec{v}-\vec{v}_1)\vec{v}]\vec{v}}{|\vec{v}|^2}\} \in supp(D)$. Die Menge aller Geschwindigkeiten nach dem Stoß ist wiederum in der Trägermenge enthalten. $f_1'f'$ ist dann beschränkt, d.h. es existieren zwei $C_1, C_2 \in \mathbb{R}$, sodass $C_2|f_1f| \leq |f_1'f'| \leq C_1|f_1f|$ gilt. Je größer die Mächtigkeit von $supp(D)$ ist, desto mehr unterscheiden sich diese Konstanten. Die Trägermenge wurde hier genau als eine ε-Umgebung von bestimmten Geschwindigkeiten definiert, wobei etwa $\varepsilon = \frac{[(\vec{v}-\vec{v}_1)\vec{v}]\vec{v}}{|\vec{v}|^2}$ gesetzt werden kann. Damit bedeutet $f_1'f'$ eine Auswertung von f_1f an den Grenzen der Trägermenge. Deshalb ist dann auch die Annahme, dass $f_1'f'$ zu f_1f proportional ist, legitim.

Zusammenfassend: Die Menge aller stoßrelevanten Geschwindigkeiten lässt sich auf eine beschränkte Trägermenge beschränken. Diese Trägermenge ist die Menge, auf der die Nichtgleichgewichtsstörung relevant wird. Damit ist auch die Funktion $f_1'f'$ beschränkt. Da sich außerdem innerhalb der Trägermenge die relative Nichtgleichgewichtsstörung $\Delta := \frac{\|f_1'f' - f_1f\|}{\|f_1f\|}$ nicht stark unterscheidet (Energie- und Impulserhaltung bereits eingesetzt), kann angenommen werden, dass $f_1'f'$ zu f_1f proportional ist.

Nun hat das Wechselwirkungsfunktional folgende Funktion: Es setzt die Verteilungsfunktionen nach dem Stoß $f_1'f'$ auf einen Wert proportional zu f_1f. Diese Funktion wird nun durch den linearen Operator $\hat{\omega}$ repräsentiert. Außerdem enthält es noch einen spezifischen Skalar, der den eigentlichen Kollisionskern ohne die Deltafunktionen repräsentiert, also: $\hat{w} = w'\hat{\omega}$. Der Stoßterm lautet nun:

$$coll(f) = \iiint d\mu'\ w'(\vec{v}_1', \vec{v}', \vec{v}_1, \vec{v})\hat{\omega}\frac{1}{2}\widehat{\nabla}_i\widehat{\nabla}_j(f_1'f' - f_1f)v_iv_j =$$
$$\iiint d\mu'\ w'(\vec{v}_1', \vec{v}', \vec{v}_1, \vec{v})c_0\widehat{\nabla}_i\widehat{\nabla}_j(f_1f)v_iv_j.$$

Dabei ist μ' das reduzierte Maß, also das Maß ohne die Integrationen über die Variablen, die zur Integration über die Deltafunktionen verwendet wurden und es wurde $\hat{\omega}$ dem Nablaoperatoren vorgezogen, da Differentiationen von Funktionen und Proportionalitätserzwingung voneinander unabhängig sind, bzw. Konstanten zusammengefasst. Die Nabla-Operatoren wirken dann nur noch auf $\vec{v}_1, \vec{v}$ und damit reduziert sich der Kollisionsterm auf

$$coll(f) = c_0 \iiint d\Omega' d^3 v_1 \; w'\left(\vec{v}_1', \vec{v}', \vec{v}_1, \vec{v}\right) \nabla_i \nabla_j (f_1 f) v_i v_j.$$

Für den Fall starrer Kugeln, d.h.

$$w = \frac{1}{2}\frac{d\sigma}{d\Omega'} |\vec{v}_1 - \vec{v}| \delta(v_1'^2 + v'^2 - v_1^2 - v^2)\delta(\vec{v}_1' + \vec{v}' - \vec{v}_1 - \vec{v}) => w' = \frac{1}{2}\frac{d\sigma}{d\Omega'}|\vec{v}_1 - \vec{v}|$$

ergeben sich genau die Resultate, die bereits abgeleitet wurden. Nun kann aber auch diese Darstellung für beliebige Wechselwirkungsfunktionen angewandt werden. Es ist die Behandlung von Flüssigkeiten mit Lennard-Jones-Potential somit fast genauso leicht möglich zu berechnen wie mit dem Starrkugelmodell. Diese allgemeine Darstellung des Stoßterms wird dann auch $\mathcal{L}^p$-Raum-Darstellung genannt, da jetzt nicht diverse Annahmen durch Restgliedabschätzung getroffen wurden, sondern mit Mitteln der Funktionalanalysis abgeleitet wurden. Diese Darstellung hat den Vorteil, dass sie leicht auf mehratomige Flüssigkeiten und Gase erweitert werden kann und zwar einfach, indem man nur mehr Geschwindigkeiten als die translatorischen zulässt. Damit existieren auch zusätzlich noch partielle Ableitungen nach Drehimpulsen, bei Schwingungsfreiheitsgraden auch nach Federauslenkung bzw. Schwinggeschwindigkeit. Über diese Darstellung können also beliebige Fluide mit der Boltzmann-Gleichung behandelt werden.

Seien noch $\nabla_{i1}, i \approx \{1,2,3\}$ der 3-dimensionale Nablaoperator, der ausschließlich auf $\vec{v}_1$ wirkt und danach differenziert und der 3-dim. Nablaoperator $\nabla_i, i \approx \{1,2,3\}$ differenziere dabei nur nach $\vec{v}$. Dann gilt unter Verwendung des Gaußschen Integralsatzes und der Tatsache, dass jedes f auf einer unendlich weit entfernten Oberfläche verschwindet:

$$\begin{aligned}
coll(f) &= c_0 \iiint d\Omega' d^3 v_1 \; w'\left(\vec{v}_1', \vec{v}', \vec{v}_1, \vec{v}\right) \left(\nabla_{1i}\nabla_{1j}(f_1 f)v_{1i}v_{1j} + 2\nabla_i\nabla_{1j}(f_1 f)v_i v_{1j}\right.\\
&\qquad \left. + \nabla_i\nabla_j(f_1 f)v_i v_j\right)\\
&= c_0 \iiint d\Omega' d^3 v_1 \; f_1 \left(f\nabla_{1i}\nabla_{1j}\left(w'\left(\vec{v}_1', \vec{v}', \vec{v}_1, \vec{v}\right)v_{1i}v_{1j}\right)\right.\\
&\qquad \left. - 2\nabla_{1j}\left(w'\left(\vec{v}_1', \vec{v}', \vec{v}_1, \vec{v}\right)v_{1j}\right)v_i\nabla_i f + w'\left(\vec{v}_1', \vec{v}', \vec{v}_1, \vec{v}\right)v_i v_j\nabla_i\nabla_j f\right)\\
&= c_0(I_1 f + I_2 v_i\nabla_i f + I_3 v_i v_j\nabla_i\nabla_j f)
\end{aligned}$$

Dabei lauten die Integrale: $I_1 = \iiint d\Omega' d^3 v_1 f_1 \nabla_{1i}\nabla_{1j}(w'(\vec{v}_1', \vec{v}', \vec{v}_1, \vec{v})v_{1i}v_{1j})$,

$I_2 = -2 \iiint d\Omega' d^3 v_1 f_1\left(w'(\vec{v}_1', \vec{v}', \vec{v}_1, \vec{v})v_{1j}\right)$, $I_3 = \iiint d\Omega' d^3 v_1 f_1 w'(\vec{v}_1', \vec{v}', \vec{v}_1, \vec{v})$.

Der Grund, warum mit Methoden der Funktionalanalysis gearbeitet wurde, liegt darin, dass man die Plausibilität der Annahmen über den Stoßterm damit demonstrieren kann. So ist es beispielsweise möglich, über die Theorie der $\mathcal{L}^p$-Räume die mathematische Struktur der Nichtgleichgewichtsstörung herauszufinden und mit dieser mathematischen Struktur davon die Plausibilität der Annahmen überprüfen kann. Desweiteren kann über Funktionenträger, die den wesentlichen Nichtgleichgewichtsbereich erfassen, Aussagen darüber machen, ob sich eine Nichtgleichgewichtsstörung ähnlich zu einer Funktion $f_1 f$ verhält. Über die funktionalanalytische Formulierung werden alle Annahmen für beliebige Medien auf Plausibilität untersucht.

Kapitel 6: Schlussfolgerungen

Hiermit wurde gezeigt, dass die Boltzmann-Gleichung auch mittels geeigneter Annahmen in eine lineare partielle Differentialgleichung überführt werden kann. Dabei kann diese Gleichung im Vergleich zur BGK-Hierarchie eine deutlich weiter ausgeprägte Störung des Gleichgewichtszustands mathematisch beschreiben. Mit der Chapman-Enskog-Entwicklung lassen sich zwar die Koeffizienten der Boltzmann-Gleichung genau bestimmen, aber dies ist gerade bei starker Störung des Gleichgewichtszustands mit enormen Rechenaufwand verbunden. Moderne Theorien zur Lösung der Boltzmann-Gleichung versuchen oft, strukturelle Vorhersagen zur Boltzmann-Gleichung zu treffen. Bei dieser Approximation, die hier beschrieben wurde, handelt es sich aber um eine Methode, um die Boltzmann-Gleichung durch eine lineare partielle Differentialgleichung zu ersetzen.

Dies ist aber mit einen gewissen Fehler verbunden. Der Fehler tritt dann aber nur bei den dimensionslosen Vorfaktoren von den Störungsentwicklungskoeffizienten auf. Sie können experimentell nachbestimmt werden. Der Fehler durch eine Approximation bis zur zweiten Ableitung ist in der Größenordnung von $(\sqrt{\beta}(\vec{v} - \vec{V}))^3$ (Abschätzung durch Taylor-Approximation der Gleichgewichtsfunktion nach $\sqrt{\beta}(\vec{v} - \vec{V})$), da die dritten bzw. höheren Ableitungen in der Annahme vernachlässigt wurden. Dies bedeutet insbesondere, dass für kleine Abweichungen der Molekülgeschwindigkeit von der Driftgeschwindigkeit die Boltzmann-Gleichung deutlich genauer ist als für sehr schnelle Moleküle. Die Genauigkeit steigt außerdem noch mit zunehmender Temperatur und mit sinkender Molekülmasse. So würde z.B. der Strömungszustand sehr nah an der Sonnenoberfläche mit dieser Approximation recht genau beschrieben werden. Bei niedrigen Temperaturen können etwa alle Teilchen als genügend langsam betrachtet werden, sodass zumindest Fehler in kubischer Ordnung vernachlässigbar werden. Diese Annahme ist in der Regel bis auf Vorfaktoren genau (ähnlich wie beim Relaxationszeitansatz). Der große Vorteil der Darstellung von der Boltzmann-Gleichung als lineare partielle Differentialgleichung besteht darin, dass sämtliche Momente von Größen, die keine Stoßinvarianten sind, sehr einfach berechnet werden können. So lassen sich nicht nur für Energie, Impuls und Masse eine Bilanzgleichung aufstellen, sondern auch für andere Größen, z.B. den Spannungstensor.

Kapitel 7: Ausblick, Referenzen

Diese Arbeit hat gezeigt, dass es einen relativ guten Zugang zur Nichtgleichgewichtsstatistik gibt, indem die Integro-Differentialgleichung „Boltzmann-Gleichung" in eine lineare partielle Differentialgleichung umgewandelt wird. Dabei wurden relativ allgemeine Annahmen wie die Konvergenz von Integralausdrücken benutzt. Diese Differentialgleichung , die durch die Vereinfachung der Boltzmann-Gleichung herauskommt, ist zwar nicht durch einen geschlossenen Ausdruck darstellbar, hat jedoch den großen Vorteil, dass Störungsrechnungen bis hin zu beliebig großen Störungsordnungen durchgeführt werden können. Es lassen sich damit verschiedene Nichtgleichgewichtsspannungstensoren ableiten. Auch andere Strömungsgrößen wie Energiestromdichte können gut abgeleitet werden.

Das näherungsweise Lösen der Boltzmanngleichung mithilfe einer linearen partiellen Differentialgleichung würde auch weniger Rechenaufwand bedeuten. Zwar häufen sich bei Stoffgrößen wie z.B. Viskosität, Wärmeleitfähigkeit, bzgl. der Vorfaktoren eine gewisse Fehlerquote an, aber diese Vorfaktoren sind nicht von Bedeutung, denn sie können noch experimentell nachbestimmt werden. Doch die Abhängigkeit der Stoffgrößen von Temperatur bzw. mittlerer freier Weglänge, werden über diese Approximationsmethode im ziemlich guten Verhältnis repräsentiert. Diese Approximationsmethode könnte auch in Simulationsprogrammen für technische Systeme, die im stark ausgeprägten Nichtgleichgewicht laufen (z.B. Flugzeuge) eingesetzt werden. Das dynamische Verhalten lässt sich dadurch gut modellieren. Und dies trägt dann wiederum zur Ersparnis von Kosten bzw. der Verminderung negativer Umweltauswirkungen bei.

<u>Referenzen</u>

(1)Walter Greiner – Theoretische Physik Band 2A: Hydrodynamik – Verlag Harri Deutsch – 4. überarbeitete Vorlage und erweiterte Vorlage 1991
(2)Bronstein, Semendjajew,Musiol,Mühlig – Taschenbuch der Mathematik – Verlag Harri Deutsch – 6.Auflage 2005
(3)Kolumban Hutter – Fluid- und Thermodynamik – Springer Verlag – 2.Auflage 2002
(4)http://de.wikipedia.org/wiki/Dualit%C3%A4t_von_Lp-R%C3%A4umen
(5)Lorenzo Pareschi, Giuseppe Toscani, Cédric Villani: „Spectral methods for the non cut-off Boltzmann equation and numerical grazing collision limit", Journal-ref: Numerische Mathematik, 93,527-548, (2003)
(6)Thomas Kloss, Peter Kopietz: „Non-equilibrium time evolution of bosons from the functional renormalization group", Journal: "Strongly Correlated Systems: Coherence and Entanglement", (2011)
(7) Davide Proment, Miguel Onorato, Pietro Asinari, Sergey Nazarenko: „Nonequilibrium steady solutions of the Boltzmann equation", (2011)